DÉCRET

CONCERNANT

L'ADMISSION AU COMMANDEMENT

DES BATIMENTS DU COMMERCE

SUIVI DES

PROGRAMMES DÉTAILLÉS

DES MATIÈRES EXIGÉES POUR L'EXAMEN

DE THÉORIE ET DE PRATIQUE

DES MARINS QUI ASPIRENT

AU BREVET DE CAPITAINE AU LONG-COURS

OU

DE MAITRE AU CABOTAGE.

PARIS

ROBIQUET, Libraire-Hydrographe

11, rue de Fontanes, 11.

1876.

DÉCRET

CONCERNANT

L'ADMISSION AU COMMANDEMENT

DES BATIMENTS DU COMMERCE

SUIVI DES

PROGRAMMES DÉTAILLÉS

DES MATIÈRES EXIGÉES POUR L'EXAMEN

DE THÉORIE ET DE PRATIQUE

DES MARINS QUI ASPIRENT

AU BREVET DE CAPITAINE AU LONG-COURS

OU

DE MAITRE AU CABOTAGE.

PARIS
ROBIQUET, LIBRAIRE-HYDROGRAPHE
11, rue de Fontanes, 11.

1876.

VANNES. — IMP. G. DE LAMARZELLE.

DÉCRET

Concernant l'Admission au Commandement des Bâtiments du Commerce.

RAPPORT A L'EMPEREUR.

Paris, le 26 janvier 1857.

SIRE,

L'admission au commandement des bâtiments du commerce destinés pour les navigations du long-cours et du cabotage a été réglée en dernier lieu par l'ordonnance du 7 août 1825.

Depuis cette époque sont intervenus divers actes qui ont modifié les conditions dans lesquelles s'exerçait la navigation de cabotage, ou les droits que conférait le brevet de maître au cabotage.

Ainsi l'ordonnance du 25 novembre 1827 a supprimé la distinction qui existait, sous le rapport de l'exercice du commandement, entre le grand et le petit cabotage, en disposant que les maîtres au petit cabotage, désignés désormais sous le titre générique de maîtres au cabotage, auraient le droit de commander les navires tant pour le grand que pour le petit cabotage.

Plus tard, la loi du 21 juin 1836 a autorisé les marins pourvus du brevet de maître au cabotage à commander, concurremment avec les capitaines au long-cours, les navires employés à la pêche de la morue, soit à Terre-Neuve et aux îles de Saint-Pierre et Miquelon, soit sur les côtes d'Islande.

Enfin, la loi du 14 juin 1854, portant modification de l'art. 377 du Code de commerce, a étendu, en les fixant d'ailleurs avec toute la précision nécessaire, les limites de la navigation dite *au grand cabotage*.

D'un autre côté, l'emploi de la vapeur, qui tend chaque jour à se généraliser d'avantage dans les navigations de long-cours et de cabotage, faisait sentir la nécessité d'imposer aux marins qui prétendent à commander les navires affectés à ces navigations la justification de certaines connaissances dont ils ont un besoin réel.

Ces considérations m'ont déterminé à faire préparer un décret destiné à remplacer l'ordonnance précitée du 7 août 1825.

Tout en m'efforçant d'ailleurs de fortifier dans la limite jugée indispensable l'institution si justement appréciée des capitaines de notre marine marchande, j'ai voulu donner aux marins qui prétendent au commandement des navires du commerce des facilités nouvelles pour se préparer aux examens qu'ils auront à subir, afin de compenser ainsi les exigences auxquelles ils devront satisfaire.

Le décret dont il s'agit a été soumis aux délibérations du conseil d'amirauté, qui en a approuvé la teneur. L'examen que j'ai fait de cet acte m'ayant convaincu qu'il garantirait d'une manière convenable les intérêts importants qu'il embrasse, je prie votre Majesté de vouloir bien le revêtir de sa sanction.

Je suis, avec un profond respect,
Sire,
De Votre Majesté, le très-humble et très-obéissant serviteur.

L'amiral ministre secrétaire d'État au département de la marine et des colonies, HAMELIN.

DÉCRET.

NAPOLÉON,

Par la grâce de Dieu et la volonté nationale, Empereur des Français,

A tous présents et à venir, salut :

Vu le décret du 3 brumaire an IV, concernant la réception des capitaines du commerce ;

Vu l'ordonnance du 7 août 1825, sur la réception des capitaines du commerce ;

Vu l'ordonnance du 25 novembre 1827, qui a supprimé la distinction entre le grand et le petit cabotage ;

Vu la loi du 21 juin 1836, relative aux maîtres au cabotage ;

Vu la loi du 14 juin 1854, portant modification de l'article 377 du code de commerce ;

Sur le rapport de notre ministre secrétaire d'Etat au département de la mariné et des colonies,

Le conseil d'amirauté entendu,

Avons décrété et décrétons ce qui suit :

TITRE Ier

Dispositions générales.

Art. 1er. Il y a deux sortes d'examen pour les marins qui aspirent au brevet de capitaine au long-cours ou au brevet de maître au cabotage : l'un qui porte sur la pratique de la navigation, est confié à un officier de la marine ; et l'autre, qui porte sur la théorie, est fait par un examinateur d'hydrographie.

Art. 2. Chaque année, notre ministre secrétaire d'Etat de la marine et des colonies désigne deux officiers supérieurs de la marine en activité de service, et indique la tournée que chacun de ces officiers doit faire dans les ports de l'Empire pour procéder à l'examen sur la pratique ; chacun des deux examinateurs d'hydrographie reçoit, à la même époque, une indication semblable, à l'effet de procéder à l'examen sur la théorie.

Art. 3. Les examinateurs de pratique doivent précéder dans les ports les examinateurs de théorie, de manière que leurs opérations soient terminées avant l'arrivée de ces derniers.

Art. 4. Nul ne peut être admis à subir les examens pour l'obtention du brevet de capitaine au long-cours ou de maître au cabotage :

S'il n'est âgé de vingt-quatre ans accomplis avant le 1er juillet de l'année de l'examen ;

S'il ne justifie de soixante mois de navigation effective sur les bâtiments français, dont douze au moins à bord des bâtiments de l'Etat autres que les stationnaires et les bâtiments de servitude employés dans l'intérieur des ports et rades.

L'embarquement à titre correctionnel ne peut être admis dans la supputation des douze mois de services à l'Etat. (Décret-loi du 24 mars 1852, art. 55.)

Art. 5. Sont dispensés de la condition de douze mois de services à bord des bâtiments de l'Etat :

1° Les candidats qui ont subi une détention de plus de deux années dans les prisons de l'ennemi ;

2° Les candidats atteints d'infirmités évidentes ou qui ont été déclarés impropres au service de la flotte d'une manière absolue par les conseils de santé des ports militaires.

Ceux de ces derniers qui n'auront pas encore été portés sur la matricule des hors de service, ne pourront toutefois être admis aux examens sans une autorisation du ministre de la marine et des colonies.

TITRE II.

De l'examen de pratique.

Art. 6. Pour être admis à subir l'examen de pratique, les candidats doivent produire :

1° Leur acte de naissance ;

(Les candidats d'origine étrangère sont tenus de justifier de leur naturalisation ou de leur admission à domicile en France) ;

2° L'état de leurs services ;

3° Une attestation de bonne conduite, délivrée par le maire du lieu de leur domicile et visée par le commissaire de l'inscription maritime ;

4° Les certificats des capitaines des bâtiments à bord desquels ils ont navigué, attestant leur aptitude et leur bonne conduite.

Les certificats délivrés par les capitaines des navires du commerce doivent être visés par les commissaires de l'inscription maritime.

Il est procédé à l'inscription des candidats dont les pièces sont reconnues régulières; sur des listes nominatives (*modèle n° 1*), établies d'après l'espèce de commandement auquel ils aspirent.

Ces listes sont ouvertes, savoir : dans les ports chef-lieux d'arrondissement maritime, au secrétariat du commissaire général; dans les ports chefs-lieux de sous-arrodissement, au secrétariat du chef de service de la marine; dans les quartiers, au bureau du commissaire de l'inscription maritime.

Les listes d'inscription sont arrêtées et remises à l'examinateur, avec toutes les pièces à l'appui, au moment de son arrivée dans le port de l'examen.

Art. 7. L'examinateur procède à un tirage au sort des candidats portés sur les listes qui lui ont été remises.

Le sort indique l'ordre dans lequel les candidats sont interrogés.

L'examen porte :

Pour les capitaines au long-cours :

1° Sur le gréement ;

2° Sur la manœuvre des bâtiments à voiles et à vapeur et des embarcations ;

3° Sur le canonnage.

Pour les maîtres au cabotage :

1° Sur le gréement;

2° Sur la manœuvre des bâtiments à voiles et à vapeur et des embarcations ;

3° Sur les sondes ;

4° Sur la connaissance des fonds ;

5° Sur le gisement des terres et écueils, les courants et les marées, dans les limites assignées au cabotage, et plus particulièrement en ce qui concerne les côtes de France.

Toutes les parties du programme sont également obligatoires.

L'officier supérieur de la marine chargé de procéder à l'examen de pratique qui n'aurait pas été désigné en même temps que la tournée d'examen a été annoncée, pourra se faire assister d'un pratique des côtes de France. Ce pratique, qui sera choisi par le commissaire général, le chef du service de la marine, ou le commissaire de l'inscription maritime, selon le port où l'examen aura lieu, interrogera, en présence de l'examinateur et sur ses indications, les navigateurs qui prétendent au brevet de maître au cabotage.

L'examinateur rendra compte de cette mesure au ministre de la marine.

Art. 8. L'examinateur prononce seul sur le mérite des candidats et sur leur admission.

Les candidats déclarés inadmissibles ne peuvent se présenter de nouveau à l'examen que l'année suivante.

L'examinateur tient sa décision secrète.

Il établit des listes par ordre de mérite des candidats qu'il a examinés.

Ces listes sont formées séparément pour les capitaines au long-cours et pour les maîtres au cabotage.

Elles sont divisées en deux séries : la première comprend les candidats *admissibles*, la seconde les *inadmissibles*.

L'examinateur indique dans une colonne d'observations les irrégularités qu'il a pu reconnaître dans les pièces produites par les candidats.

Il établit pour chacun des candidats déclarés admissibles un certificat d'aptitude pratique qui lui permet de se présenter à l'examen de théorie pendant trois tournées, à partir de la date dudit certificat.

A l'expiration de cette période, tout candidat qui ne justifie pas de six mois au moins d'embarquement sur un bâtiment affecté à la navigation pour laquelle il se propose de commander, ou sur un bâtiment de l'Etat autre que les stationnaires et les bâtiments de servitude employés dans l'intérieur des ports et rades, ne peut être admis à l'examen de théorie sans avoir, au préalable, été déclaré de nouveau admissible pour la pratique.

Si la condition de navigation mentionnée au paragraphe précédent a été remplie, le certificat d'aptitude continue d'être valable pendant une seconde période de deux années, et ainsi de suite, pourvu que le marin qui en est porteur accomplisse six mois au moins de navigation dans chaque période de deux années.

Art. 9. L'examinateur adresse directement au ministre les listes qu'il a établies.

Il en remet un double au commissaire général, au chef du service de la marine ou au commissaire de l'inscription maritime, selon qu'il y a lieu; il y joint les pièces qui accompagnaient les listes d'inscription et les certificats d'aptitude délivrés en exécution de l'article précédent.

Cette liste est ouverte immédiatement après le départ de l'examinateur et les certificats remis aux destinataires par le commissaire de l'inscription maritime, qui les fait signer, en sa présence, par les titulaires, et y appose son visa.

Les états de services et autres pièces produites par les candidats admis leur sont rendus pour qu'ils puissent se présenter à l'examen de théorie, ainsi qu'il est prescrit au titre III du présent décret.

Les états de services et autres pièces produites par les canditats non admis sont renvoyés à leurs quartiers d'inscription, et ne peuvent leur être rendus qu'après la clôture des examens généraux.

TITRE III.

De l'examen de théorie.

Art. 10. Sont seuls admis à subir l'examen de théorie les navigateurs qui ont obtenu le certificat d'aptitude pratique mentionmé à l'article 8 du présent décret.

Ceux des candidats qui se présentent à l'examen après les deux années pendant lesquelles ledit certificat est valable doivent prouver, par l'état de leurs services ou par une attestation du commissaire de leur quartier d'inscription, l'accomplissement des six mois de navigation exigés par le même article.

Art. 11. Indépendomment des pièces mentionnées à l'article précédent, les candidats doivent produire les justifications indiquées à l'article 6 pour l'examen de pratique.

Il est procédé à leur inscription sur des listes nominatives, de la manière prescrite audit art. 6.

Au moment de leur inscription, les candidats apposent leur signature dans une colonne *ad hoc* de la liste sur laquelle ils sont portés.

L'autorité maritime qui procède à l'inscription constate l'identité du candidat par le rapprochement de la signature du certificat d'aptitude de celle de la liste.

Toute fraude est déférée aux tribunaux.

Les listes d'inscription indiquent le quartier où chaque candidat désire être immatriculé en cas de réception.

Ces listes sont arrêtées et remises à l'examinateur, avec toutes les pièces à l'appui, au moment de son arrivée dans le port de l'examen.

Art. 12. L'examinateur procède à un tirage au sort des candidats portés sur les listes qui lui ont été remises.

Il exige de chaque candidat qu'il appose sa signature sur la liste de classement en regard de son nom.

Le sort indique l'ordre dans lequel les candidats sont interrogés.

Les épreuves sont orales et écrites.

POUR LE LONG-COURS.

Les épreuves orales comprennent :

1° Les éléments d'arithmétique et les notions élémentaires d'algèbre jusqu'aux équations du premier degré inclusivement;

2° La géométrie élémentaire;

3° Les deux trigonométries;

4° Des notions élémentaires d'astronomie et navigation;

5° L'usage des intruments nautiques;

6° Des notions élémentaires sur les machines à vapeur et leur application à la navigation.

Les épreuves écrites comprennent :

1° Deux séries de calculs conformes aux types adoptés;

2° Une série de questions portant sur les connaissances exigées;

3° Une composition française.

POUR LE CABOTAGE.

Les épreuves orales comprennent :

1° Les éléments d'arithmétique pratique;

2° Des notions élémentaires de géométrie;

3° Des éléments de navigation pratique;

4° Des notions élémentaires sur les machines à vapeur et leur application à la navigation.

Les épreuves écrites comprennent :

1° Deux séries de calculs conformes aux types adoptés ;

2° Une réponse écrite à l'une des questions de l'examen.

Toutes les conditions portées au présent article sont également obligatoires.

Des programmes détaillés des matières ci-dessus exigées sont arrêtés par notre ministre de la marine et des colonies.

Les candidats sont classés par ordre de mérite.

Les candidats déclarés inadmissibles ne peuvent se présenter de nouveau à l'examen que l'année suivante.

Art. 13. L'examinateur dresse des listes suivant les formes déterminées par l'article 8 du présent décret.

Il y est fait mention des candidats admissibles qui ont montré le plus de connaissances sur les machines à vapeur.

Art. 14. L'examinateur adresse directement au ministre les listes qu'il a établies.

Il remet à l'une des autorités mentionnées à l'art. 9 les pièces qui accompagnaient les listes d'inscription.

Ces pièces sont adressées au ministre de la marine et des colonies par l'autorité maritime compétente.

TITRE IV.

Du brevet de commandement.

Art 15. Les candidats qui, ayant satisfait aux conditions exigées pour se présenter aux examens généraux, ont été déclarés admissibles à la suite desdits examens, reçoivent du ministre de la marine et des colonies le brevet de capitaine au long-cours, ou de maître au cabotage.

Les officiers et les aspirants de 1re classe de la marine impériale retraités, réformés ou démissionnaires, peuvent obtenir, soit le brevet de capitaine au long-cours, soit celui de maître au cabotage, sans avoir subi les examens généraux de pratique et de théorie déterminés par le présent décret, pourvu qu'ils justifient des conditions d'âge et de navigation exigées par l'art. 4 ci-dessus.

TITRE V.

Dispositions transitoires.

Art. 16. Les dispositions du présent décret seront mises en vigueur à partir du 1er janvier 1858.

TITRE VI.

Dispositions particulières.

Art. 17. Seront abrogées, à partir de la mise en vigueur du présent décret, toutes les dispositions contraires à celles qu'il contient, et notamment l'ordonnance du 7 août 1825, en ce qui concerne la réception des capitaines du commerce.

Art. 18. Notre ministre secrétaire d'Etat de la marine et des colonies est chargé de l'exécution du présent décret, qui sera inséré au *Bulletin des lois* et au *Bulletin officiel de la marine.*

Fait au palais des Tuileries, le 26 janvier 1857.

NAPOLÉON.

Par l'Empereur :

L'amiral ministre secrétaire d'Etat au département de la marine et des colonies,

HAMELIN.

PROGRAMME

Détaillé des matières exigées pour l'examen de Théorie des Marins qui aspirent au brevet de Capitaine au Long-Cours ou de Maître au Cabotage.

LONG-COURS.

---

§ Ier.

ÉLÉMENTS D'ARITHMÉTIQUE ET NOTIONS D'ALGÈBRE.

Numération décimale.

Addition et soustraction des nombres entiers.

Multiplication des nombres entiers. — Le produit de plusieurs nombres entiers ne change pas quand on intervertit l'ordre des facteurs.

Division des nombres entiers.

Caractère de divisibilité d'un nombre entier par 2, 3, 5 et 9.

Définition des nombres premiers.

Fractions ordinaires. — Une fraction ne change pas de valeur quand on multiplie ou quand on divise ses deux termes par un même nombre. — Réduction d'une fraction à sa plus simple expression. — Réduction de plusieurs fractions à leur plus petit dénominateur commun.

Opérations sur les fractions ordinaires.

Nombres décimaux. — Opérations. — Obtenir un produit ou un quotient, à une unité près, d'un ordre décimal donné.

Réduire une fraction ordinaire en fraction décimale.

Système de mesures légales. — Conversion des anciennes mesures de longueur en mesures métriques.

Formation du carré de la somme de deux nombres. — Extraction de la racine carrée d'un nombre entier.

Carré d'une fraction. — Racine carrée d'une fraction ordinaire ou décimale, à une unité près, d'un ordre décimal donné.

Cube et puissances entières d'un nombre entier et d'une fraction ordinaire ou décimale.

CALCUL ALGÉBRIQUE.

Emploi des lettres et des signes comme moyen d'abréviation et de généralisation. — Termes semblables.

Addition et soustraction.

Multiplication ; règle des signes.

Division des monômes. — Exposant zéro.

Exposé sommaire de la division des polynômes.

Équations du 1er degré. — Résolution des équations numériques du 1er degré, à une ou plusieurs inconnues, par la méthode de substitution.

Formules générales pour la résolution d'un système d'équation du 1er degré à deux inconnues.

Rapport des grandeurs. — Dans une suite de rapports égaux, la somme des numérateurs et celle des dénominateurs forment un rapport égal au premier.

Règle de trois directe et inverse. — Règles d'intérêt, d'escompte, de société, d'alliage ou de mélange.

Principales propriétés des progressions arithmétiques et des progressions géométriques.

DES LOGARITHMES.

Le logarithme d'un produit de plusieurs facteurs est égal à la somme des logarithmes de ces facteurs.

Corollaires relatifs à la division, à l'élévation aux puissances, à l'extraction des racines.

Logarithmes dont la base est 10. — Tables. — De la caractéristique. — Usage des caractéristiques négatives.

Application des logarithmes.

§ II.

GÉOMÉTRIE.

Figures planes.

Ligne droite et plan. — Ligne brisée, ligne courbe.

Définition et génération de l'angle.

Par un point pris sur une droite, on ne peut élever qu'une seule perpendiculaire à cette droite.

Angles adjacents. — Angles opposés au sommet.

Triangles. — Cas d'égalité les plus simples.

Propriétés du triangle isocèle.

Propriétés des perpendiculaires et des obliques menées d'un même point à cette droite.

Cas d'égalité des triangles rectangles.

Droites parallèles rencontrées par une sécante.

Angles dont les côtés sont parallèles ou perpendiculaires.

Somme des angles d'un triangle et d'un polygone quelconque.

Parallélogrammes. — Propriétés de leurs côtés, de leurs angles, de leurs diagonales.

De la circonférence du cercle. — Dépendance mutuelle des arcs et des cordes.

Dépendance mutuelle des longueurs des cordes et de

leurs distances au centre. — Droite tangente à la circonférence. — Cordes parallèles.

Conditions du contact et de l'intersection de deux cercles.

Mesure des angles.

Construction des angles et des triangles. — Tracé des perpendiculaires et des parallèles. — Usage de la règle, du compas, de l'équerre et du rapporteur. — Problèmes usuels.

Lignes proportionnelles. — Toute parallèle à l'un des côtés d'un triangle divise les deux autres en parties proportionnelles réciproques. — Propriétés de la bissectrice de l'angle d'un triangle.

Polygones semblables. — Conditions de similitude des triangles. — Décomposition des polygones semblables en triangles semblables. — Rapport des périmètres.

Relations entre la perpendiculaire abaissée du sommet de l'angle droit d'un triangle rectangle sur l'hypoténuse, les segments de l'hypoténuse, l'hypoténuse elle-même et les côtés de l'angle droit.

Relations entre le carré construit sur le côté d'un triangle opposé à un angle droit ou aigu ou obtus, et les carrés construits sur les deux autres côtés.

Si d'un point pris dans le plan d'un cercle on mène des sécantes, le produit des distances de ce point aux deux points d'intersection de chaque sécante avec la circonférence est constant, quelle que soit la direction de la sécante. — Cas où elle devient trangente.

Diviser une droite donnée en parties proportionnelles à des lignes données. — Quatrième proportionnelle à trois lignes. — Moyenne proportionnelle entre deux lignes.

Construire, sur une droite donnée, un polygone semblable à un polygone donné.

Polygones réguliers. — Tout polygone régulier peut être inscrit et circonscrit au cercle.

Rapport des périmètres des polygones réguliers d'un même nombre de côtés.

Inscrire dans un cercle un carré, un hexagone régulier.

Evaluer le rapport approché de la circonférence au diamètre en calculant les périmètres des polygones réguliers de 4, 8, 16, 32... côtés, inscrits dans un cercle de rayon donné.

Mesure de l'aire du rectangle, du parallélogramme, du triangle, du trapèze, d'un polygone quelconque. — Rapport des aires de deux polygones semblables.

Aire d'un polygone régulier. — Aire d'un cercle, d'un secteur et d'un segment de cercle. — Rapport des aires de deux cercles de rayon différents.

Figures dans l'espace.

Du plan et de la ligne droite. — Condition pour qu'une droite soit perpendiculaire à un plan.

Propriétés de la perpendiculaire et des obliques menées d'un même point à un plan.

Parallélisme des droites et des plans.

Angles dièdres. — Dièdre droit. — Angle plan correspondant à l'angle dièdre. — Rapport de deux angles dièdres.

Plans perpendiculaires entre eux. — Intersection commune de deux plans perpendiculaires à un troisième.

Angle trièdre. — Chaque face d'un angle trièdre est plus petite que la somme de deux autres.

Des polyèdres. — Parallélipipède. — Mesure du volume du parallélipipède rectangle, du parallélipipède quelconque, du prisme triangulaire, du prisme quelconque.

Pyramide. — Mesure du volume d'une pyramide, du tronc de pyramide à bases parallèles.

Cône droit à base circulaire. — Sections parallèle à la base. — Surface latérale et volume du cône, du tronc de cône à bases parallèles.

Cylindre droit à base circulaire. — Mesure de la surface latérale et du volume.

Sphère. — Sections planes; grands cercles; petits cercles.

Pôle d'un cercle. — Étant donnée une sphère, trouver son rayon. — Plan tangent.

Triangle sphérique. — Propriétés des côtés d'un triangle. — Mesure de l'angle formé par deux arcs de grands cercles. — Triangles polaires. — Principaux cas d'égalité des triangles sphériques. — Somme des angles d'un triangle sphérique.

Aire d'une zone; de la sphère entière.

Volume du secteur sphérique; de la sphère entière.

§ III.

TRIGONOMÉTRIES.

Trigonométrie rectiligne.

Lignes trigonométriques. (On ne considère que les rapports des lignes trigonométriques au rayon.).

Relations entre les lignes trigonométriques d'un même angle. — Expression du sinus et du cosinus en fonction de la tangente.

Connaissant les sinus et les cosinus de deux arcs, trouver le sinus et le cosinus de leur somme ou de leur defférence.

Trouver la tangente de la somme ou de la différence de deux arcs, quand on connaît les tangentes de ces deux arcs.

Expressions de sin. 2 a, cos. 2 a et tang. 2 a. — Connaissant cos. a, calculer sin. $\frac{1}{2}$ a, et cos. $\frac{1}{2}$ a.

Rendre calculable par logarithmes la somme de deux lignes trigonométriques, sinus ou cosinus, tangentes ou cotangentes.

Notions sur la construction des tables trigonométriques.

Usage des tables.

Résolution des triangles rectilignes, rectangles et quelconques.

Trigonométrie sphérique.

Relation entre les trois côtés et un angle.

Relation entre deux côtés et les angles opposés.

Relation entre quatre éléments consécutifs du triangle.

Relation entre les trois angles et un côté.

Simplification de ces formules quand un des angles est droit.

Résolution d'un triangle sphérique, rectangle et quelconque.

§ IV.

NOTIONS ÉLÉMENTAIRES D'ASTRONOMIE.

La terre est un corps arrondi et isolé dans l'espace. — Verticale et horizon d'un lieu. — Evaluation approchée du rayon de la terre. — Faible altitude des montagnes.

Atmosphère. — Son élévation. — Réfraction astronomique. — Elle altère la distance apparente des astres au zénith.

Rotation diurne de la sphère céleste. — Direction de l'axe du monde. — Coordonnées d'un point, par rapport à l'équateur et à l'horizon.

L'observation des culminations des astres permet d'obtenir facilement la colatitude d'un lieu et la distance polaire de l'astre observé.

Jour sidéral — Angles horaires. — Problème des longitudes terrestres. — Trouver l'ascension droite d'un astre.

Idée de la construction des globes terrestres ou célestes. — Cartes et planisphères.

Etoiles de diverses grandeurs. — Principales constellations. — Etoiles périodiques, temporaires, doubles. — Voie lactée. — Nébuleuses.

Durée du jour et de la nuit des différents astres.

Forme réelle et dimensions exactes de la terre. — Mesure de la distance des astres à la terre. — Diamètre et volume du soleil et de la lune. — Parallaxe des astres.

Représenter sur une sphère le mouvement annuel apparent du soleil. — Ecliptique et définition qui s'y rapportent. — Réduction réciproque de l'équateur à l'écliptique.

Forme de l'orbite apparente du soleil. — Saisons. — Différentes sortes d'années. — Temps sidéral, temps moyen et temps vrai. — Calendrier.

Notions sur l'orbite de la lune et ses phases. — Ses taches. — Cause des éclipses de lune et de soleil.

Généralités sur les planètes et les comètes.

Simple aperçu sur le véritable système solaire.

§ V.

NAVIGATION.

Conversion des subdivisions d'un arc en d'autres subdivisions.

Conversion réciproque du temps civil en temps astronomique.

Conversion réciproque d'un nombre de degrés en heures.

Réduction réciproque de l'heure d'un lieu, dont la longitude est connue, à l'heure correspondante de Paris. — Passer de l'heure d'un méridien à celle d'un autre méridien.

Calculer la valeur d'un élément de la connaissance des temps, pour une époque donnée, et résoudre le problème inverse. — Formules et tables qui permettent de tenir compte des secondes différences.

Réduction réciproque du temps vrai au temps moyen.

Réduction réciproque de l'heure solaire à l'heure correspondante d'un autre astre.

Trouver l'heure du passage d'un astre au méridien.

Relation entre les diverses valeurs d'un même intervalle de temps, exprimé en heures sidérales, en heures moyennes et en heures vraies.

Image d'un point, d'une droite ou d'un plan réfléchi sur une surface plane.

Mesure des angles au moyen d'un système de deux miroirs plan.

Alidade. — Limbe. — Index. — Points de collimation, de parallélisme et de coïncidence. — Vis de pression. — Vis de rappel. — Vernier.

Description de l'octant et du sextant.

Etablir la perpendicularité de deux miroirs sur le plan du limbe.

Vérifier si l'axe optique de la lunette est parallèle au plan de l'instrument.

Déterminaison du point de parallélisme sur l'arc du limbe.

Mesure de la distance augulaire de deux objets, d'une distance lunaire, de la hauteur d'un astre, d'une hauteur méridienne.

S'assurer de la bonté d'un octant ou d'un sextant.

Dépressions vraies et apparentes. — Distance de l'horizon visuel.

Dépression de la base d'une côte qui intercepte la vue de l'horizon.

Horizons artificiels, liquides et à glace. — Théorie du niveau à bulle d'air.

Réfractions astronomiques. — Usage des tables de réfraction. — Aurore et crépuscule. — Lever ou coucher apparent des astres.

Parallaxe horizontale. — Parallaxe de hauteur. — Passer de la hauteur apparente d'un astre à sa hauteur vraie, et réciproquement.

Demi-diamètre. — Relation entre le demi-diamètre horizontal et le demi-diamètre de hauteur. — Effet de la réfraction astronomique sur le disque apparent du soleil et de la lune.

Accourcissement du demi-diamètre vertical.

Résumé des corrections à faire à la hauteur observée d'un astre, pour obtenir sa hauteur vraie. — Problème inverse.

Position apparente des astres au moment de leur lever ou coucher vrai.

Passer de la distance observéee des bords de deux astres à la distance vraie de leurs centres.

Variations de la hauteur d'un astre comparées à celles du temps. — Cas où la moyenne des hauteurs d'une série correspond à la moyenne des heures notées à un chronomètre au moment de chaque observation.

Usage du compteur ou de la montre de comparaison.

Déterminer l'heure moyenne par l'observation de la hauteur du soleil ou d'une étoile. — Circonstances favorables à ce calcul. — Moyen de saisir ces circonstances.

Heure du lever et du coucher vrais. — Heure du lever et du coucher apparents.

Déterminer l'état absolu d'un chronomètre :

1° Par un calcul d'angle horaire proprement dit;

2° Par la culmination d'un astre;

3° Par la comparaison du chronomètre à une horloge réglée.

Déterminer la marche diurne d'un chronomètre :

1° Par la comparaison de plusieurs états absolus;

2° Par deux passages d'un astre à un même vertical;
3° Par la comparaison du chronomètre à une horloge réglée.

Usage du chronomètre pour conclure de l'heure qu'il indique à un instant donné, soit l'heure de Paris, soit l'heure du bord, et pour résoudre les problèmes inverses.

Convertir un intervalle de temps chronométrique en temps moyen, vrai ou sidéral.

Précautions à prendre à bord des bâtiments pour l'installation des chronomètres.

Trouver la latitude du navire :

1° Par la hauteur méridienne d'un astre;
2° Par la hauteur d'un astre observée à une heure connue. Formule relative à l'étoile polaire.

Cas où les observations sont faites dans le voisinage du méridien;

3° Par deux hauteurs de soleil et l'intervalle de temps écoulé entre les observations.

Cas où les hauteurs sont circumméridiennes.

Trouver la longitude du navire :

1° Au moyen des montres marines;
2° Par les distances lunaires.

Examen des circonstances diverses qui peuvent se présenter. — Influence d'une erreur commise sur la distance observée.

Règle pratique pour tenir compte de l'aplatissement de la terre dans la réduction des distances.

Boussole. — Compas. de route. — Compas de relèvement.

Déterminer la variation de l'aiguille aimantée :

1° Par le relèvement d'un astre observé à une hauteur quelconque.

Cas particuliers, quand l'astre est à son lever ou à son coucher, vrai ou apparent, et quand il passe au premier vertical;

2° Par le relèvement astronomique d'un objet terrestre.

Lieue marine et mille marins. — Loch, sablier, dérive.

Corriger une route au compas de la dérive et de la variation, et réciproquement.

Effets des courants.

Principes de la résolution des problèmes des routes.— Leur construction graphique. — Quartier de réduction. — Tables de point.

Résolution des principaux problèmes des routes. — Route composée.

Théorie des cartes réduites. — Leur construction et leur usage.

Observations sur les sondes. — Marées. — Cause générale de ce phénomène.

Etablissement d'un port. — Unité de hauteur. — Centièmes de la marée.

Usage des tables calculées sur les formules de La Place, pour obtenir l'heure et la hauteur d'une haute ou basse mer.

Différents moyens de déterminer la position d'un navire sur la carte, en vue d'une côte.

Vérifier un chronomètre :

1° Quand on séjourne près d'une terre dont la position géographique est connue;

2° Quand la longitude du lieu de relâche est inconnue;

3° Quand on passe en vue d'une côte connue.

Moyen de régler un chronomètre sous voiles.

Résumé général des opérations nautiques que le marin doit faire dans le cours d'une campagne.

CABOTAGE.

§ Ier.

ÉLÉMENTS D'ARITHMÉTIQUE PRATIQUE.

Numération des nombres entiers et des nombres décimaux.

Addition, soustraction, multiplication et division.

Fractions ordinaires. — Opérations sur ces fractions.

Mesures légales. — Anciennes mesures encore en usage.

Définition d'un rapport, d'une progression, des logarithmes.

Usage des tables des logarithmes des nombres. — Énoncer les propriétés des logarithmes.

Trouver un facteur inconnu dans l'égalité de deux produits.

Règles de trois, d'intérêt, d'escompte, de société, de mélange.

§ II.

NOTIONS ÉLÉMENTAIRES DE GÉOMÉTRIE.

Notions sur les lignes, les surfaces, la circonférence du cercle, l'angle rectiligne et sa mesure, les triangles rectilignes.

Usage de la règle, du compas et du rapporteur. — Construction de quelques problèmes élémentaires.

Tracer une échelle de parties égales.

Explication simple du vernier.

Définitions des lignes trigonométriques. — Usage des tables des logarithmes de ces lignes.

Mesurer la surface d'un triangle rectiligne, d'un parallélogramme, d'un trapèze, d'un polygone quelconque.

Longueur d'une circonférence. — Surface d'un cercle.

Évaluer le volume d'une pyramide, d'un cône, d'un tronc de pyramide, d'un parallélipipède, d'un prisme, d'un cylindre.

Définitions relatives à la spère.— Sa surface, son volume.

§ III.

ÉLÉMENTS DE NAVIGATION PRATIQUE.

Définitions des termes d'astronomie employés dans les calculs nautiques les plus usuels.

Notions sur le temps moyen et le temps vrai, sur les saisons de l'année, sur les phases de la lune.

Usage des éphémérides. — Détails sur les problèmes qui s'y rapportent.

Description, rectification et usage de l'octant et du sextant. — Vérifier si l'instrument est bien exécuté.

Horizons liquides et à glace. — Caler un horizon à glace.

Corriger une hauteur observée du soleil ou de la lune.

Réciproquement, passer de la hauteur vraie à la hauteur observée.

Moyen de déterminer l'heure d'un lieu par l'observation de la hauteur du soleil.

Heure du lever et du coucher vrais. — Heure du lever et du coucher apparents.

Trouver l'état absolu et la marche diurne d'un chronomètre sur le temps moyen.

Déterminer, à l'aide d'un chronomètre, soit l'heure de Paris, soit l'heure du bord en temps moyen.

Usage du compteur.

Trouver la latitude du navire par la hauteur méridienne du soleil et de la lune.

Trouver la longitude du navire par les montres marines.

Compas de route. — Compas de variation. — Trouver la variation du compas par une hauteur de soleil; — par les levers vrais ou apparents de cet astre; — par son passage au premier vertical.

Corrections des routes. — Loch. — Courants. — Sondes.

Marées. — Trouver l'heure et la hauteur d'une pleine mer avec les éphémérides.

Cartes marines. — Problèmes usuels sur la carte.
Quartier de réduction. — Tables de point.
Résolution des problèmes des routes.

LONG-COURS ET CABOTAGE.

MACHINES A VAPEUR.

Notions élémentaires sur le travail mécanique. — Kilogrammètre. — Cheval-vapeur.

Pesanteur de l'air. — Pression de l'atmosphère. — Sa mesure.

De la chaleur et de ses principaux effets.

Formation, condensation et emploi de la vapeur.

Division des machines à vapeur en machines à haute et à basse pression, avec ou sans condensation. — Aperçu sur les principaux systèmes de machines marines, à roues et à hélices.

Appareils générateurs de la vapeur. — Des chaudières les plus usitées à bord des navires. — Chaudières tubulaires. — Fourneaux et conduits de flamme. — Tubes et plaques à tubes. — Tirants et entretoises. — Cheminées.

Combustibles. — Diverses espèces de houilles.

Manomètres. — Soupapes de sûreté.

Indicateurs du niveau d'eau et robinets. — Jauges.

Diverses natures d'eaux. — Eau de mer. — Dépôts et incrustations. — Extraction à la main. — Extraction continue.

Du cylindre et de ses orifices. — Tiroirs. — Détente. Piston; — sa tige et ses garnitures.

Condenseur. — Pompe à air. — Injection. — Bâche et tuyau de décharge.

Pompes alimentaires.

Organes de transmission du mouvement. — Mise en train.

Arbre de couche. — Ses manivelles et ses paliers.

Roues à aubes. — Démonter et remonter les aubes à la mer.

Différents systèmes d'hélices. — Emmanchement de l'hélice avec son arbre. — Butée. — Hélices fixes et hélices folles. — Puits et appareils de remontage.

Entretien de la machine et des chaudières. — Soins à prendre au port et à la mer. — Approvisionnements et rechanges.

Exemples d'avaries survenues dans les organes des machines et moyens employés pour les réparer avec les ressources du bord.

Observation. — Chaque candidat sera interrogé sur les principaux détails de la machine qu'il déclarera le mieux connaître.

Arrêté conformément à l'article 12 du décret du 26 janvier 1857.

Paris, le 30 janvier 1857.

L'Amiral Ministre Secrétaire d'État de la marine et des Colonies,

Signé : HAMELIN.

PROGRAMME

Détaillé des connaissances exigées pour l'examen de pratique des Marins qui aspirent au brevet de Capitaine au Long-Cours ou de Maître au Cabotage.

LONG-COURS ET CABOTAGE.

§ 1er.

GRÉEMENT.

NOTA. — Les questions qui vont suivre s'appliqueront plus particulièrement au gréement, à l'armement et à la manœuvre d'un grand navire de commerce.

Mâtage. — Machine à mâter. Mâter les bas mâts avec la machine à mâter.

Bigues. Mâter ou démâter un bâtiment au moyen des bigues.

Mâter le beaupré au moyen de bigues et d'un mât de hune en bataille.

Mâter ou démâter le beaupré au moyen de la vergue de misaine en bataille. Démâter le mât d'artimon au moyen de la grande vergue en bataille.

Mise en place du gréement. — Embarquer les hunes, les capeler. Liures du beaupré. Faires les liures. Garnir le beaupré. Faire les sous-barbes, les placer et les tenir. Installation des haubans de beaupré.

Différents modes de liures, d'estropes, de sous-barbes, de haubans de beaupré. Ordre du capelage des bas mâts. Capeler les haubans. Mettre en place les étais. Tenir les bas mâts. Différents modes de ridage.

Faire les enfléchures.

Gambes de revers ; les installer. Embarquer les chouques des bas mâts. Les placer sur les hunes, prêts à capeler.

Embarquer et présenter un mât de hune.

Capeler un choupe de bas mât, au moyen d'un mât de hune ; au moyen d'un espar.

Passer une guinderesse de mât de hune.

Placer les barres de perroquet sur les chouques.

Capeler le gréement des mâts de hune. Ordre des capelages. Nombre de haubans et de galhaubans.

Diverses manières d'installer la draille du grand foc; les galhaubans de hune. Passage des étais et drailles des mâts de hune. Guinder les mâts de hune ; les tenir.

Présenter le bout-dehors de grand-foc. Le capeler Ordre du capelage. Placer les arcs-boutants de beaupré et de martingale. Pousser le bout-dehors de grand foc. Passage des divers cordages qui composent son capelage. Filet de grand foc.

Embarquer les basses vergues. Les garnir. Différents modes de suspentes, de filières, de drosses et de capelages. Passage des balancines et bras. Hisser les basses vergues.

Différents systèmes de vergues de hune. Les embarquer, les garnir. Passer leurs itagues et drisses, les balancines et les bras. Installation et but du gouvernail de drisse. Différents modes de racages. Disposition particulière des poulies de cargue-fonds des huniers. Installation des marche-pieds et faux marche-pieds. Mettre les vergues de hune en croix. Mettre en place les bouts-dehors des basses vergues et ceux de hune.

Garniture du gui. Passer ses écoutes. Installation de ses balancines. Usage et disposition du palan de retenue. Différents modes d'installation et de garniture de la corne. Passer ses drisses de mât et de pic. Disposition des poulies d'étrangloirs et de celles des cargues hautes. Installation des palans de garde. Hisser la corne.

Dispositions particulières des cornes du grand mât et du mât de misaine. Mât de senau. Ordre du capelage du gréement des mâts de perroquet et de flèche. Passage des étais des mâts de perroquet et de flèche. Nombre de galhaubans de perroquet et de flèche. Poulies aiguilletées au capelage des mâts de perroquet.

Ordre du capelage du bout-dehors de clin-foc. Disposition des cordages qui forment son capelage.

Passer la guinderesse d'un mât de perroquet. Le guinder, le caler et le dépasser. Garnir une vergue de perroquet, la mettre en croix.

Garnir une vergue de cacatois.

Garnir un tangon.

Passage des manœuvres courantes.

Brigantine à hale-bas. Voiles d'étai.

Installation des grands palans d'étai et de bout de vergue ; les mettre en place.

Gréement en fil de fer. Ses avantages et ses inconvénients.

Gréement des goëlettes, polacres, lougres, côtres et autres bâtiments employés principalement au cabotage. Avantages de chacun de ces systèmes au point de vue de la navigabilité et à celui de l'économie d'équipage. Installations pour prendre des ris dans leurs différentes voiles.

Différents systèmes de poulies, de filins.

Embarquer les voiles, les enverguer. — Serrer et garnir les voiles qui vont en soute. Enverguer un hunier suivant les différents systèmes de vergues et de ris. Enverguer une basse voile ; un foc; une brigantine; les voiles d'étai et petites voiles.

Embarquer les ancres. — Mettre une ancre de bossoir au bossoir ; une ancre de veille dans les porte-haubans. Embarquer l'ancre du grand panneau. Mettre les ancres à jet à poste. Etalinguer les chaînes. Prendre leurs tours de bitte ou de guindeau.

Cabestans et guindeaux. Différents systèmes.

Embarquer la chaloupe. — Embarquer la chaloupe ou un objet très-lourd, avec la grande vergue, en employant un espar pour la soutenir.

Stabilité, chargement, etc. — Notions générales sur la stabilité. Chargement. Différence de tirant d'eau. Effet produit par la disposition des poids au fond de la cale, au centre et sur les ailes. Influence de la position et de l'inclinaison des mâts sur les qualités nautiques du navire. Action et orientation des voiles.

Installations diverses. — Diverses rechanges. Bouées de sauvetage et fanaux de nuit, leur installation à bord. Paratonnerre.

§ II.

MANŒUVRE DES BATIMENTS A VOILES ET A VAPEUR ET DES EMBARCATIONS.

Amarrage sur une rade. — Divers modes d'amarrage sur une rade. Avantages et inconvénients de chacun d'eux.

Eviter de surjaler.

Affourchage. Conditions d'un bon affourchage.

Remédier aux inconvénients de l'affourchage. Maillon d'affourche.

Affourcher au moyen d'une ancre à jet.

Affourchage dans une rivière.

Corps-morts.

Manœuvre des ancres. — Mouiller une ancre à jet, la relever et la mettre à son poste.

Elonger une ancre de bossoir : avec un câble en chanvre, avec une partie de sa chaîne.

Déraper une ancre de bossoir avec la chaloupe.

Empenneler une ancre de bossoir.

Lever deux ancres empennelées.

Mettre au bossoir l'ancre du grand panneau.

Etalinguer un câble. Prendre la bitture et le tour de bitte.

Filer du câble. Filer de la chaîne.

Lever une grosse ancre avec un câble; avec une chaîne.

Différents moyens à employer quand le cabestan et le guindeau ne suffisent pas.

Traverser les ancres. Objet du plan incliné.

Draguer un câble, une chaîne ou une ancre. Couler un maillon. Faire parer une ancre arrivant à l'écubier surjalée ou surpatée.

Dépasser les tours de chaîne.

Précautions quand il survente. — Dispositions à prendre quand il survente.

Se disposer à recevoir un coup de vent au mouillage; étant sur une seule ancre; étant affourcher sans possibilité d'appareiller.

Moyen d'empêcher le guindeau de fatiguer.

Désaffourchage et préparatifs d'appareillage. — Désaffourcher.

Dispositions d'appareillage.

MANŒUVRES PARTICULIÈRES AUX BATIMENTS A VOILES.

Appareillage. — Appareiller : étant debout au vent et n'étant géné par aucun obstacle; étant mouillé par un grand fond et ayant des obstacles ou des dangers dans son voisinage; étant debout au courant et recevant le vent d'un bord ou de l'autre; étant évité debout au vent et ayant un danger près de soi; avec une embossure ou un croupiat; appareiller en culant.

Appareillage sous le grand foc; conditions nécessaires pour effectuer cet appareillage.

Dispositions à prendre pour appareiller étant sur un corps-mort.

Que faire, quand l'ancre chasse avant que le bâtiment soit à pic?

Que faire, quand le bâtiment abat à-contre?

Allures du bâtiment. — Les différentes allures.

Orienter : pour le plus près; pour le largue; pour le grand largue.

Hisser les bonnets de hune et de perroquet.

Hisser une bonnette basse.

Des pannes. — Principales pannes. Circonstances dans lesquelles on les emploie.

Prendre la panne sous le grand hunier, étant au plus près ; étant grand largue.

Sauver un homme tombé à la mer : le bâtiment étant au plus près; le bâtiment étant grand largue.

Dériver dans une rivière.

Sonder : par de grandes profondeurs ; par des profondeurs moyennes.

Faire servir.

Changements d'amures. — Virer vent devant : étant sous toutes voiles du plus près; avec belle brise; le bâtiment tenant difficilement le vent; étant dans l'obligation de virer vent devant; ne pouvant virer arrière.

Que faire quand on manque à virer ?

Circonstances dans lesquelles on vire lof pour lof.

Virer lof pour lof : avec du vent; avec petite brise.

Ayant manqué à virer vent devant, près de terre, ou se trouvant inopinément en face d'un danger, qu'elle est la manœuvre à exécuter : soit qu'il y ait urgence ou non à faire culer le bâtiment très promptement ?

Qu'appelle-t-on faire chapelle ?

Eviter de faire chapelle. Manœuvrer, ayant fait chapelle, pour reprendre les mêmes amures.

Qu'entend-on par empanner ?

Prendre des ris. — Prendre un ou plusieurs ris dans les huniers : étant au plus près; largue ou vent arrière.

Différents systèmes pour prendre des ris dans les huniers Avantages et inconvénients de chacun d'eux.

Ris Belléguic, Cunningham, diminue-voiles Brouard, ris américains ou doubles vergues.

Prendre des ris dans les basses voiles et voiles goëlettes.

Des grains. — Manœuvrer à l'approche d'un grain. Se disposer à recevoir un grain : étant sous toutes voiles du plus près : étant sous toutes voiles du largue.

Certains bâtiments ne doivent-ils pas lofer dans les grains ?

Bâtiment surpris par un grain qu'il a mal apprécié.

Manœuvrer à l'approche d'un tourbillon ou d'une trombe.

Manœuvres des voiles (mauvais temps). — Etablir ou serrer un perroquet.

Passer des fausses cargues en étrangloirs sur un hunier ou une basse voile.

Carguer ou établir un hunier, une basse voile. Hâler bas un foc. Carguer une voile établie sur une corne.

Précautions à prendre dans le gréement et à l'intérieur du navire, à l'approche du mauvais temps.

Capes. Fuir devant le temps. Les diverses capes.

Changements d'amures : étant en cape courante; étant en cape sous le grand hunier.

Bâtiment ne pouvant plus tenir en cape. Ancre flottante; son but; ses divers emplois.

Redresser un navire engagé : à la mer; sur des fonds où il y a possibilité de mouiller.

Moyens auxquels il faut enfin recourir, lorsque le navire engagé ne se redresse pas.

Fuir devant le temps. Usage d'un câble filé par derrière.

Remorques. — Donner la remorque à un autre bâtiment à voiles.

Manœuvres du remorqueur et du remorqué, dans les différentes circonstances de la navigation.

Attérissage. — Comment doit-on attérir?

But de la sonde. Sonder par les fonds inférieurs à 100 mètres, sans changer la direction de la route. Sonder par de petits fonds. Sonder par de grands fonds.

Système uniforme de coloration des bouées et balises des côtes de France et d'Angleterre. Signaux de marée.

Mouillages. — Dispositions pour le mouillage. Manières ordinaires de venir au mouillage.

Mouiller avec du courant.

Mouiller avec du mauvais temps.

Affourcher un bâtiment déjà mouillé.

Affourcher à la voile.

Compas. — Usage du compas de route pour mouiller suivant deux relèvements donnés.

Usage du compas dans l'appréciation des vitesses relatives de deux navires en vue; dans la route à suivre pour joindre au plus vite un autre navire.

Connaître les déviations du compas, étant en vue de trois points connus, étant sur un alignement.

AVARIES.

Avaries dans le gouvernail. — Avaries : dans la barre du gouvernail; dans la drosse; dans la roue.

Causes de perte du gouvernail.

Moyens prévisoires à employer pour gouverner. Prendre le gouvernail à bord. Mettre en place un gouvernail de rechange ou un gouvernail réparé. Gouvernails de fortune les plus usités.

Avaries dans les manœuvres courantes. — Avaries : dans les bras sous le vent; dans les bras du vent; dans les boulines et branches de boulines; dans les amures et écoutes; dans les itagues, drisses et palanquins de hunier, etc.

Avaries dans les manœuvres dormantes. — Avaries : dans les haubans; dans les galhaubans et étais; dans les sous-barbes.

Avaries : dans les drosses d'une basse vergue; dans le racage d'une vergue de hune.

Se rendre maître d'une vergue de hune amenée sur le chouque, sa voile serrée, dont les bras du vent et le racage cassent à la fois.

Avaries dans la voilure. — Réparer les avaries dans les voiles.

Prendre les dimensions nécessaires pour couper une voile carrée, un foc, une brigantine.

Changer, à la mer, un hunier; une basse voile; un foc.

Avaries dans les vergues. — Vergue de hune craquée, cassée. La changer à la mer. Réparer une avarie dans une basse vergue.

Avaries dans les mâts. — Changer un mât de hune à la mer.

Consolider un bas mât craqué : au capelage; en dessus ou en dessous du capelage.

Mâture de fortune.

Se servir des bas mâts cassés au ras du pont.

Voies d'eau. — Causes susceptibles de produire une voie d'eau.

Moyens de reconnaître qu'elle est, à peu près, la situation d'une voie d'eau. Moyens de l'aveugler. Navire délié. Moyens de soulager le navire. Cas extrême; abandon; responsabilité du capitaine.

Installation et armement des embarcations pour pouvoir

tenir la mer. Construction d'un radeau; précautions à prendre pour le mettre à la mer.

Abattre en carène ; sur un ponton destiné *ad hoc;* avec ses propres moyens.

Echouage. Naufrage. Incendie. — Circonstances les plus ordinaires d'un naufrage.

Déséchouer un navire, dans la généralité des cas ; lorsque l'échouage a lieu sur fonds dur.

Navire échoué pendant le jusant ; le béquiller.

Partis à prendre, étant affalé sur une côte.

Navigation dans les glaces ; navire enclavé.

Faire côte. Sauver l'équipage et la cargaison. Etablissement d'un va-et-vient.

Haler à sec un navire échoué.

Prescriptions générales en cas d'incendie.

MANŒUVRES PARTICULIÈRES AUX BATIMENTS A VAPEUR.

Considérations générales sur la manœuvre des bâtiments à vapeur. — Différences principales, au point de vue de la manœuvre, entre les navires à voiles et les bâtiments à vapeur. Influence des propulseurs sur le gouvernail, en allant de l'avant ou en culant. Influence des propulseurs sur le loch. Avantages et inconvénients de chacun des propulseurs.

Appareillage. Manœuvres sous vapeur. — Dispositions générales pour l'appareillage. Allumage des feux. Manière d'utiliser la machine pour virer et déraper. Appareillage dans un port. Appareillage sur une rade : de calme ; étant obligé de venir sur un bord immédiatement. Appareillage sur une rade avec de la brise. Tourner aussi court que possible étant en marche.

Faire culer un vapeur en ligne droite : avec calme ; avec vent debout ; avec un vent quelconque.

Virer de bord vent devant, avec voiles et vapeur. Virer de bord lof pour lof, avec voiles et vapeur.

Faire le tour dans le plus petit espace possible sous vapeur, avec ou sans voiles.

Tenir la panne sous vapeur : avec vent debout ; avec le vent dans une direction quelconque.

Sonder avec un bâtiment à vapeur.

Manœuvrer lorsqu'un homme tombe à la mer.

Emploi des deux moteurs dans le cours ordinaire d'une traversée, suivant les modes de propulsion et la puissance de l'appareil. Usage de la détente.

Examen particulier du cas où le vent est contraire. Tenir la cape avec un bâtiment à vapeur. Fuir devant le temps.

Manière dont on doit employer le combustible pour effectuer une longue traversée.

Démontage des aubes et de l'hélice.

Affoler roues et hélices.

Mettre en marche avec une seule machine.

Mouillage. — Précautions à prendre en venant au mouillage. Prendre un corps-mort par calme ou avec la brise.

Affourcher dans une direction quelconque, en allant de l'avant ou en culant.

Echouage. — Echouage : premières précautions à prendre. Divers moyens de se déséchouer.

Incendie dans les soutes à charbon ; moyens de l'éteindre.

Manœuvres à l'ancre. — Par un coup de vent au mouillage, quelles dispositions doit-on prendre, quant à la machine ? Meilleur parti à tirer de celle-ci, dans une telle circonstance. Cas où le navire chasse sur ses ancres.

Etant déjà mouillé sur une ancre, en mouiller une seconde dans une direction donnée, en se servant de la machine. Désaffourcher en s'aidant de la machine.

Des remorques. — Des remorquages en général. Remorque à couple et en arbalète. Règlement ministériel relatif au remorquage. Signaux de convention du remorqueur au remorqué. Installation des remorques. Dispositions générales à prendre avant de remorquer.

Donner les remorques à un bâtiment au mouillage : de calme, avec de la brise. Même manœuvre quand le navire à remorquer est sous voiles. Donner une remorque de gros temps, quand on ne peut mettre les embarcations à la mer.

Précautions à prendre dans un remorquage, au premier moment de la mise en marche. Attention à apporter au régime de la machine pendant le remorquage.

Manière de gouverner du remorqueur et du remorqué, une fois en route.

Evolution simultanée de deux bâtiments, quand l'un remorque l'autre.

Manière d'utiliser les remorques pour accélérer une évolution. Cas où le remorqueur tombe en travers du remorqué. Ayant déjà un bâtiment à la remorque, en prendre successivement plusieurs autres.

Soins à donner aux remorques en général et plus particulièrement pendant le gros temps. Cas où une remorque vient à casser. Filer les remorques. Cas où les remorques s'engagent.

ÉCLAIRAGE.

RENCONTRE ET ABORDAGE DES NAVIRES A VOILES ET A VAPEUR.

SIGNAUX INTERNATIONAUX.

Décret du 25 octobre 1862, relatif à l'éclairage et aux signaux des navires à voiles et à vapeur. Usage des feux dans les rencontres de nuit. Diverses manœuvres en cas de rencontre. Cas particuliers d'une escadre rencontrée à la mer.

Manœuvre à faire en cas d'abordage.

Signaux internationaux. Savoir se servir du Code commercial de signaux, à l'usage des bâtiments de toutes les nations. (Edition française publiée par le ministère de la marine.)

MANŒUVRE DES EMBARCATIONS.

Différentes voilures convenables pour chaloupes et canots.

Avantage de ne lester les embarcations qu'avec des barils ou du lest flottant.

Appareiller : étant accosté le long d'un bâtiment évité debout au vent; étant accosté le long d'un bâtiment évité debout au courant; étant mouillé sur un grappin.

Virer de bord vent devant. Que faire quand on manque à virer ?

Virer lof pour lof.

Recevoir un grain : étant au plus près ; courant largue.

Prendre des ris.

Accoster un bâtiment dans ses divers évitages. Aborder un bâtiment.

Aborder une côte. Haler une embarcation au sec.

POUR LE LONG-COURS.

CANONNAGE.

Charger et tirer une pièce à bord d'un navire ; à poudre et à boulet.

Précautions à prendre quand on charge une pièce qui vient de faire feu, quand elle est échauffée.

Décharger une pièce.

Armes portatives : carabines, revolvers, etc.

Lancer une fusée.

Connaissances diverses.

Vents généraux et principaux courants du globe.

Typhons, cyclones, pamperos, nortes, tornades, etc. : comment on les prévoit, comment on les reçoit.

Précautions en arrivant au mouillage dans la saison des ouragans.

Précautions à prendre quand on navigue dans des mers peu connues.

POUR LE CABOTAGE.

Observation : Conformément aux paragraphes 3, 4, et 5 de l'art. 7 du décret de 1857, les candidats au cabotage auront à répondre sur les sondes, sur la connaissance des fonds, sur le gisement des terres et écueils, les courants et les marées dans les limites assignées au cabotage ; mais plus particulièrement en ce qui concerne les côtes de France, sur les parties de ces côtes qu'ils auront fréquentées.

EXTRAIT DU CATALOGUE.

V. CAILLET. — **Tables des Logarithmes et des Cologarithmes** des nombres et des lignes trigonométriques, suivies de TABLES ASTRONOMIQUES ET NAUTIQUES. In-8°. . . . . 9 fr.

— **Traité de Navigation**, partie élémentaire comprenant la première année d'études à l'École navale et le COURS DES ÉCOLES D'HYDROGRAPHIE. 1 vol. in-8°. . . . . 3 »

Exercice d'Hydrographie, correspondant au TRAITÉ DE NAVIGATION de V. CAILLET, par G. F. M., professeur de mathématiques, in-8°. . . . . 3 »

DEUX ANCIENS PROFESSEURS. — **Eléments d'Arithmétique et d'Algèbre**. 1 vol. in-8°. . . . . 5 »

— **Traité élémentaire de Géométrie**. In-8°. . . . . . . 5 »

— **Traité élémentaire de Trigonométrie**. In-8°. . . . . . 2 »

— **Nouveau Manuel du Caboteur**. . . . . 5 »

COLLET-CORBINIÈRE. — **Traité élémentaire de la Machine à vapeur marine**, rédigé d'après le programme officiel pour les candidats au commandement des navires de commerce. In-8° avec de nombreuses figures. . . . . 5 »

Manuel du Caboteur, 2e édition, entièrement refondue, par un ancien professeur aux Écoles navale et d'hydrographie, suivie d'un Recueil des tables les plus utiles aux navigateurs. In-8°, 1858. . . . . 7 50

DARRAS (L.) — **Feuilles d'examen** pour les deux séries de Calculs nautiques, exigées des marins qui aspirent au brevet de capitaine au longs-cours ou de maître au cabotage, accompagnées de renvois au Manuel du caboteur, au Traité de navigation et aux Tables de logarithmes de M. CAILLET.

— Cahier n° 1 : Long-Cours et Cabotage. . . . . » 75

— Cahier n° 2 : Long-Cours. . . . . 1 »

Explications pour les deux séries de Calculs nautiques.

— Cahier n° 1 : Long-Cours et Cabotage. . . . . 4 »

— Cahier n° 2 : Long-Cours. . . . . 6 »

DUBOIS (E.-P.) — **Ephémérides astronomiques**, à l'usage des capitaines de navires. Elles contiennent les éléments relatifs au soleil, à la lune, aux planètes Mars et Jupiter, et à certaines étoiles principales; les distances de la lune au soleil, aux planètes et à quelques étoiles; les tableaux des marées pour les ports du globe, etc. 1 50

GUÉPRATTE. — **Problèmes d'astronomie nautique et de navigation**, précédés de la description et de l'usage des instruments, et suivis d'un Recueil de tables nécessaires à la résolution de ces problèmes. 3e édition. 2 forts vol. in-8°. 27 »

— **Vade-Mecum du Marin** ou Manuel de Navigation. 2 vol. in-8° . . . . 15 »

DUBREUIL (C.-F.) — **Manuel du Matelotage** et de Manœuvre, à l'usage des élèves de l'École navale et des candidats aux places de capitaine au long-cours et au cabotage. 5e éd. In-8°. 7 »

Quartier de réduction, petit format (30 c. sur 24 c.). . . . » 50

Le même, sur carton. . . . . 1 »

Quartier de réduction, grand format (37 c. sur 32 c.). . . . » 60

Le même, sur carton. 1 25

Quartier sphérique. . . . . » 75

Le même, sur carton. 1 50

Vannes. — Imp. G. de Lamarzelle.

www.ingramcontent.com/pod-product-compliance
Ingram Content Group UK Ltd.
Pitfield, Milton Keynes, MK11 3LW, UK
UKHW020950220726
13924UKWH00002B/615